百角文库

有趣的动物语言

奇妙的
蜂舞

周立明　编著

U0278186

中国少年儿童新闻出版总社
中国少年儿童出版社

北　京

图书在版编目（CIP）数据

奇妙的蜂舞 / 周立明编著 . -- 北京：中国少年儿童出版社，2024.1（2024.7重印）
（百角文库 . 有趣的动物语言）
ISBN 978-7-5148-8425-8

Ⅰ . ①奇… Ⅱ . ①周… Ⅲ . ①动物 – 青少年读物 Ⅳ . ① Q95-49

中国国家版本馆 CIP 数据核字 (2023) 第 254456 号

YOU QU DE DONG WU YU YAN——QI MIAO DE FENG WU
（百角文库）

出版发行：中国少年儿童新闻出版总社
中国少年儿童出版社

执行出版人：马兴民

丛书策划：马兴民　缪　惟	美术编辑：徐经纬
丛书统筹：何强伟　李　橦	装帧设计：徐经纬
责任编辑：李　华	标识设计：曹　凝
责任校对：夏明嫒	插　图：晓　劼
责任印务：厉　静	封面图：晓　劼

社　　址：北京市朝阳区建国门外大街丙 12 号　　邮政编码：100022
编 辑 部：010-57526336　　　　　　　　　　总 编 室：010-57526070
发 行 部：010-57526568　　　　　　　　　　官方网址：www. ccppg. cn
印刷：河北宝昌佳彩印刷有限公司
开本：787mm × 1130mm　1/32　　　　　　　　印张：3
版次：2024 年 1 月第 1 版　　　　　　　印次：2024 年 7 月第 2 次印刷
字数：36 千字　　　　　　　　　　　　　　印数：5001-11000 册
ISBN 978-7-5148-8425-8　　　　　　　　　　定价：12.00 元

图书出版质量投诉电话：010-57526069　　　电子邮箱：cbzlts@ccppg.com.cn

序

　　提供高品质的读物，服务中国少年儿童健康成长，始终是中国少年儿童出版社牢牢坚守的初心使命。当前，少年儿童的阅读环境和条件发生了重大变化。新中国成立以来，很长一个时期所存在的少年儿童"没书看""有钱买不到书"的矛盾已经彻底解决，作为出版的重要细分领域，少儿出版的种类、数量、质量得到了极大提升，每年以万计数的出版物令人目不暇接。中少人一直在思考，如何帮助少年儿童解决有限课外阅读时间里的选择烦恼？能否打造出一套对少年儿童健康成长具有基础性价值的书系？基于此，"百角文库"应运而生。

　　多角度，是"百角文库"的基本定位。习近平总书记在北京育英学校考察时指出，教育的根本任务是立德树人，培养德智体美劳全面发展的社会主义建设者和接班人，并强调，学生的理想信念、道德品质、知识智力、身体和心理素质等各方面的培养缺一不可。这套丛书从100种起步，涵盖文学、科普、历史、人文等内容，涉及少年儿童健康成长的全部关键领域。面向未来，这个书系还是开放的，将根据读者需求不断丰富完善内容结构。在文本的选择上，我们充分挖掘社内"沉睡的""高品质的""经过读者检验的"出版资源，保证权威性、准确性，力争高水平的出版呈现。

通识读本，是"百角文库"的主打方向。相对前沿领域，一些应知应会知识，以及建立在这个基础上的基本素养，在少年儿童成长的过程中仍然具有不可或缺的价值。这套丛书根据少年儿童的阅读习惯、认知特点、接受方式等，通俗化地讲述相关知识，不以培养"小专家""小行家"为出版追求，而是把激发少年儿童的兴趣、养成正确的思考方法作为重要目标。《畅游数学花园》《有趣的动物语言》《好大的地球》《看得懂的宇宙》……从这些图书的名字中，我们可以直接感受到这套丛书的表达主旨。我想，无论是做人、做事、做学问，这套书都会为少年儿童的成长打下坚实的底色。

中少人还有一个梦——让中国大地上每个少年儿童都能读得上、读得起优质的图书。所以，在当前激烈的市场环境下，我们依然坚持低价位。

衷心祝愿"百角文库"得到少年儿童的喜爱，成为案头必备书，也热切期盼将来会有越来越多的人说"我是读着'百角文库'长大的"。

是为序。

马兴民

2023 年 12 月

目　录

写在前面的话

少年朋友，在你读这本书之前，也许会想：除了人类，动物也有语言吗？会"说话"的动物，那一定是什么珍禽异兽吧？

在童话故事中，许多动物会开口说话。在现实生活中，只有鹦鹉、八哥等会发出模仿人类说话的声音。从科学意义上严格地说，地球上只有人类——最有智慧的高等动物才真正会说话，才会运用语言和文字来交流思想、表达感情。

但是，这并不是说，其他动物之间就不能传递信息、互相交流了。

科学家发现了这样的事实：

有一种蛀食苹果树的苹果蠹（dù）蛾，身长只有 1 厘米。雄苹果蠹蛾能在直径 2 千米的活动范围内找到雌苹果蠹蛾。要是雄蛾跟雌蛾之间没有准确有效的通信，这是不可想象的。

100 多年以前，法国著名昆虫学家法布尔做过一次有名的实验：他把一只雌蛾关在纱罩里，放进黑暗的房间。一夜之间，纱罩里的雌蛾竟招来 40 多只雄蛾。

雌蛾是怎样跟这些雄蛾联络、吸引它们飞来的呢？经过研究发现，雌蛾发出一种特殊的气味，这种气味是由雌蛾分泌的一种化学物质产生的。这种气味向雄蛾传递了雌蛾存在的信息，吸引它们纷纷飞来。这种化学物质叫作信息素或叫外激素。它是能够传递信息的化学"语言"。科学家发现，许多动物都有这样的化学"语言"。

动物除了用化学"语言"通信，还会用声音来互传消息。由150多万种动物组成的动物界不仅多姿多彩，而且从不静寂。秋天的蟋蟀，夏日的知了，是大家熟悉的昆虫"歌手"。莺歌燕鸣，雀啁（zhōu）鸟啼。村中狗吠，池畔蛙鸣。动物的种种鸣叫，究竟有什么含义呢？

还有的动物会发出超声波，有的动物会发出电波，有的动物会朝同伴做出一定的姿态，有的动物经常用身体的某一部分互相接触，这些行为动作能不能用来传递信息呢？

于是，我们就接触到了动物学家们研究的一个课题：动物之间怎样传递信息，怎样通信联络。

动物间的种种通信方式虽然比不上人类的语言，但是它们确实能有效地传递信息，在动物的生活中起着十分重要的作用，因此，我们不妨也把动物间传递信息的方式叫作"说话"。

那么，到底有哪些动物会"说话"？它们怎样"说话"？这种"语言"在动物生活中有什么作用？研究动物的"语言"，对我们有什么意义？

下面，让我从昆虫和鱼类中，分别挑选一些有代表性的动物，来一一讲给你听吧。

昆虫"歌手"

昆虫是地球上种类最多的动物。在昆虫纲这个大家庭中，已经定了名字的成员约有100万种。

昆虫种类众多，形态和习性千奇百怪。但是，它们有一些共同的特征：成虫的身体都明显地分成头、胸、腹3部分，胸部生有6足4翅。

昆虫的活动范围极其广阔，有的飞翔空中，有的栖身树上，有的营巢地下，有的漂浮水面。四五亿年前就有昆虫了，到现在它们几乎分布到了地球的每一个角落。

昆虫有没有"语言"？有哪些种类会"说话"呢？

昆虫中比较有名的"歌手"是知了、蟋蟀和螽（zhōng）斯。我们先从它们说起吧。

知了，学名叫蚱蝉。在动物分类上属于昆虫纲，同翅目，蝉科。它是大家最熟悉的昆虫"歌手"。

炎热的夏季，知了总是在白天登台演唱，是昆虫世界音量最大、歌唱时间最长的"歌手"。它那"知了——知了——"的叫声是怎样发出来的呢？

了解知了的少年朋友都清楚，只有雄知了能发声，而雌知了却是哑巴。原来，雄知了的腹部第一节的两侧，各有一片弹性较强的薄膜，叫作声鼓。外面被一块盖板保护着。声鼓靠发达的肌肉牵拉。肌肉收缩，把声鼓往里拉；肌肉松弛，声鼓往外突。这样快速地一拉一突，知了就叫起来了。它的声鼓每秒钟振动 130 次～600 次，就能发出连续不断的叫声。在盖板和声鼓之间，有个空腔，叫共振室，是很好的发声共鸣箱，使得声鼓发出的叫声更加嘹亮，就像我们听音乐的音箱一样。而雌知了没有声鼓和盖板，当然就不会发声了。

那么，知了能不能听见自己的叫声呢？

19 世纪，法国著名昆虫学家法布尔曾经研究过知了的听觉。他站在知了的背后，用力拍手、喊叫、吹口哨，发现知了都无动于衷。他认为知了是没有听觉的，是个聋子。

后来，有人研究发现知了能够听见声音，并不是聋子，只是知了所能听见的声音频率范围非常狭窄。它们仅仅能听到自己同伴发出的

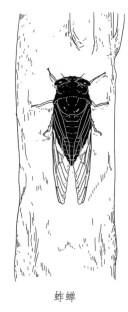

蚱蝉

那种尖叫声，而听不见其他频率的各种声音。

雌知了虽然是哑巴，却不是聋子。它们对于同一种类雄知了发出的尖叫声非常敏感。即使雄知了的叫声不很响，也能把相隔很远的雌知了吸引过来。

原来，雄知了刺耳的尖叫声，就是召唤雌知了进行繁殖的"语言"。

知了还能用叫声来报警。当知了被你逮住以后，立即发出一种紧急而响亮的叫声，这是告诉伙伴们赶紧逃跑的信号。

你看，知了的叫声虽然单调刺耳，但正是这种叫声穿越空间，使得相隔很远的雌、雄知了可以互相联络，繁殖后代或者逃出险境。

科学家发现，知了的叫声跟气温的变化有很大关系。他们把知了叫声的变化跟气温变化的关系，绘制成相对曲线图。发现天气要变热了，知了的叫声就会变响。天气越热，知了叫得越响。根据这个曲线，人们可以从当天知了的叫声，来预测明天气温的变化，用知了叫声作为气温预报的一种补充方法。据说，这个办法还是很有参考价值的。

知了是白天的"歌手"，蟋蟀则喜欢在晚间"演唱"。

蟋蟀，俗名蛐蛐儿。它属于昆虫纲，直翅目，蟋蟀科。跟知了相比，蟋蟀的"歌声"虽然没有那么嘹亮，却要优美、清脆得多。它总是"哩哩哩哩、哩哩哩哩"地"歌唱"，十分婉转动听。

蟋蟀的发声方法，跟知了大不相同。知了

靠声鼓的振动而发声，蟋蟀却是靠翅膀的摩擦发出声音来。

雄蟋蟀的前翅复面基部，有一条弯曲而突起的棱，叫作翅脉。上面密密地长着许多三角形的齿突，好像硬币边缘上的齿纹一样，叫作音锉。右前翅的音锉比左前翅的音锉发达得多。前翅靠近音锉的内侧边缘，有个硬化的部分，叫作刮器。当左右前翅抬起，和它的身体背面成 45° 角的时候，双翅的两侧横向开闭，正好使左前翅的刮器和右前翅的音锉互相摩擦，就发出响亮的"哩哩哩哩"的声音来了。

雌蟋蟀没有发声器官，也是哑巴。

　　蟋蟀也有听觉灵敏的"耳朵"。奇怪的是它们的"耳朵"并不长在头上，而是长在一对前足的小腿缝隙里。如果声音来自左边或右边，蟋蟀听起来最清楚；如果声音来自正前方或正后方，听起来就模糊了。

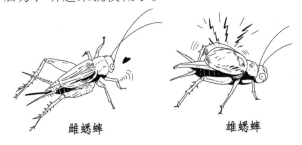

雌蟋蟀　　　　　　雄蟋蟀

　　"耳朵"长在足上，有没有好处呢？有的。当蟋蟀听到声音以后，稍微转动一下身体，就可以判断声音来自哪里。这样，蟋蟀的"耳朵"起了声音测向器的作用，这对它们的生活可有用啦。

　　科学家发现，蟋蟀有好几种不同的叫声，分别代表不同的含义。

雄蟋蟀开始寻找配偶的时候，它发出一种清脆的"哩哩哩哩"的叫声。这是向雌蟋蟀发出的邀请。当雌蟋蟀来到它身边以后，雄蟋蟀又改变声调，发出一种略微不同的叫声，这种叫声能够刺激雌蟋蟀和它进行交配。

为什么雄蟋蟀好斗呢？蟋蟀是单独生活的昆虫，雄蟋蟀常常为争夺食物，或者要抢占一块地方，才鸣叫争斗。如果有别的雄蟋蟀冒失地闯进来，这里的主人就会发出警告的叫声。入侵者往往不会自动退却，而是以响亮的声音

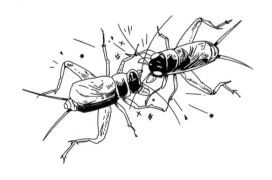

应战。两雄争鸣，最后会导致一场激烈的蟋蟀格斗。蟋蟀的咀嚼式口器上有两把"利剑"，这是它们格斗的武器。如果其中一方不战自退，或是格斗失败落荒而逃，得胜的一方就会发出骄傲得意的叫声。

螽斯，在动物分类上属于昆虫纲，直翅目，螽斯科。螽斯的种类也很多，在我国有100多种。

螽斯通常在晚间活动鸣叫。它们的"歌声"复杂多变，时而是"沙沙沙沙"，时而是"嘎嚓嚓嚓"，时而是"嘶嘶嘶嘶"，时而又是"嗖嗖嗖嗖"。它们的发声器官在后足上，发声器官跟翅摩擦发出声音。一般是雄螽斯发声，常常为吸引异性、进行繁殖，或者报警、自卫，而产生比较复杂的行为。蝈蝈和纺织娘算是螽斯类中最能叫的了。蝈蝈叫声清脆，而且白天

蜩蜩　　　　　　　　　　　纺织娘

也在"咯咯咯咯"地"鸣叫"。纺织娘的叫声"扎扎扎扎"，很像织布机的声音，才得了纺织娘的美名。

它们的"耳朵"长在前足上，"耳朵"的大小只有人耳的几百分之一，可是它们的听觉却比我们人还要强。

蚂蚁的"语言"

你也许观察过蚂蚁是怎样寻找食物的。园子里，田野上，一只蚂蚁发现了大块食物，立刻赶回家去通风报信。

过了一会儿，大队蚂蚁浩浩荡荡地出发了。几十只、几百只，许许多多的蚂蚁，排起一字长蛇阵，

沿着刚才报信的蚂蚁走过的路线，十分有秩序地奔向食物所在地。

蚂蚁在行进中，不时稍稍停留，互相碰碰头，仿佛在交谈什么。直到找到食物，集体把食物搬回家，蚂蚁群始终保持着惊人的秩序。

那么，外出的蚂蚁是怎样把找到食物的消息报告给伙伴们的？在途中是怎样保持大队人马秩序的？蚂蚁又是怎样自卫的？要弄清这些问题，必须研究一下蚂蚁奇妙的"语言"。

在非洲一些地方生活着两种蚂蚁。一种是黑色蚂蚁，一种是白色蚂蚁。黑蚂蚁是白蚂蚁的天敌。它们常常袭击白蚂蚁的巢穴，有时候把白蚂蚁吃个精光。

科学家发现，黑蚂蚁的这种偷袭常常失败。往往是大队黑蚂蚁悄悄接近白蚂蚁巢穴的时候，白蚂蚁会神不知鬼不觉地逃得无影无踪。

这是怎么回事呢？

原来，白蚂蚁在自己的巢穴四周派出了岗哨。担任哨兵的白蚂蚁警惕性可高啦。它们一旦发觉黑蚂蚁，哨兵立刻用自己的头叩击蚁巢的洞壁，向伙伴们发出敌情警报。这就是白蚂蚁的声音"语言"。白蚂蚁得到警报以后，洞穴里面的气氛顿时紧张起来，有的搬蚁卵，有的抱幼虫，一窝蜂似的立刻倾巢而出，各自逃生。

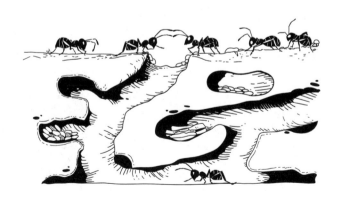

一次，科学家做了这样一个实验，偷偷地在白蚁巢穴的外壁贴上吸音材料。这样，黑蚂蚁逼近的时候，哨兵的敌情警报无法传入巢内。结果巢里的白蚂蚁毫无防备，遭到了重创！

声音是蚂蚁的一种"语言"。科学家发现，各种蚂蚁都有自己的声音"语言"。有一种黑蚂蚁，能发出十种不同的声音，它们可以用这些声音来互相交谈。

除了声音"语言"，蚂蚁使用得更多的是气味"语言"。这种"语言"是通过蚂蚁身体释放的化学物质发出的不同气味来传递消息的。

蚂蚁能把找到食物的消息报告给伙伴，靠的就是气味"语言"，也叫作化学"语言"。

科学家观察发现，外出寻找食物的蚂蚁，

在爬行的时候腹部紧贴着地面，从腹部末端的肛门和腿部的腺体里把一种奇妙的化学物质沾染在地面上，这种物质叫作标记物质。它的数量很少，但是具有特定的气味，能够有效地标记出蚂蚁所走过的路线。蚂蚁发现食物以后，再沿着这条路线回蚁巢向伙伴报告。大家再沿着它标记过的路线出发，直到找到食物为止。

那么，这种标记物质的气味是怎样传递的？

如果仔细观察蚂蚁的行为，你会发现它们很喜欢用头上的一对"小天线"——触角互相接触，接触中可以传递气味，传递消息。

我们再回过头来细讲蚂蚁找食物的事。最先找到食物的蚂蚁，返回蚁巢的途中，边走边用触角"闻"地面上的气味。回到巢里，再用这对触角拍打伙伴们的触角，路标的气味就通过触角传递过去了。触角就是蚂蚁的"鼻子"。

在触角的表面，有许多人眼看不见的小孔，小孔里有非常灵敏的嗅细胞。经过一阵触角的拍打，绝大多数的蚂蚁都得到了通知，于是由找到食物的蚂蚁带队，集体出发了。

带队的蚂蚁如果发现队伍走乱了，常常停下来，等后面的蚂蚁用触角碰碰它的腹部或后腿，然后再朝前走。这是蚂蚁在整顿队列。一路上，要经过好几次整队，才能到达目的地。用触角接触别的蚂蚁的身体，这也可以算作是蚂蚁的另一种"语言"——接触"语言"。

蚂蚁的"语言"很丰富，在蚂蚁的生活中有很重要的作用。

在日常生活中，无论是照看蚁卵，分配食物，侍候蚁后，饲喂幼蚁，都离不开一定的"语言"。

最有趣的是蚂蚁死亡之后，还会发出一种

特殊的气味。这种气味告诉伙伴们，它已经死
了。伙伴们闻到这种气味，立刻把它拉到蚂蚁
的"公墓"去埋葬。这样，尸体就不会在巢里
腐烂了。如果把释放这种气味的物质提取出来，
涂抹在活蚂蚁身上，那么这只活蚂蚁也会被它
的同伴们不分青红皂白地抬出去活埋掉。原来
它们是认"味"而不认"人"的。

对一般集群生活的动物来说，互相通信联
络是很重要的。蚂蚁是社会性昆虫，内部有一
定的社会分工，行为也比较复杂，所以它们的
"语言"就更加重要了。

一次，几位日本科学家发现，一群蚂蚁在
一棵大树上找到了大量食物。很快，从蚁巢到
大树上排起了长长的蚂蚁队伍。

为了考验蚂蚁克服困难的能力，科学家围
着大树用胶水在地面上画了个圆圈，切断了蚂

蚁队伍，使得一部分蚂蚁在树上，一部分蚂蚁在地下，互相失去了联系。

这下蚂蚁可乱了。圆圈外面的蚂蚁朝树上跑，被胶水粘住了，被粘住的蚂蚁立刻向后面发出警告，后面的大队蚂蚁停止了前进。它们十分巧妙地把被粘住的蚂蚁救了出来。

可是，怎样才能爬到大树上去搬运食物呢？这时候许多蚂蚁互相用触角频繁地接触，好像是在热烈地讨论。

过了一会儿，办法想

出来了。只见一只蚂蚁带头跑去衔来一颗小砂粒，把砂粒丢在胶水的表面。别的蚂蚁也都学它的样子，纷纷跑去衔砂粒，一颗一颗地铺在胶水表面。经过一段时间的紧张搬运，胶水的表面铺起了一条砂路，道路重新接通了。困难被克服了，树上的蚂蚁和树下的蚂蚁恢复了联系，搬运食物的工作继续进行。

在这样复杂的集体行动中，蚂蚁之间互相传递了多少信息，是怎样传递的，它们怎样商量，怎样证实提出的"意见"是可行的，等等，所有这些细节，科学家都还没有搞清楚。但是有一点是肯定的，没有很精妙的"语言"，蚂蚁是不可能组织如此有效的行动的。当然，也不可能克服这样复杂的困难。

奇妙的"蜂语"

蜜蜂是人类的朋友。在动物分类上，蜜蜂属于昆虫纲，膜翅目，蜜蜂科。它们有采花酿蜜的本领，在昆虫世界里，是大名鼎鼎的能工巧匠。

蜜蜂是一种社会性昆虫。一个蜂群中可以有成千上万只蜂，团结得像一只蜜蜂一样。如果一只蜜蜂离开了蜂群，很难单独生活下去。

每一群蜜蜂中，都包含三类成员：一只蜂王、少数雄蜂和许多工蜂。蜂王和雄蜂负责繁殖后代，工蜂是蜜蜂中勤劳的"工人"，担负着采蜜、酿蜜、侦察、守卫、清洁蜂箱、筑巢和饲养幼蜂等一系列重要工作。

观察一下工蜂的劳动是很有趣的。许许多多的工蜂，各司其职。筑蜂房的筑蜂房，服侍蜂王的服侍蜂王。一天到晚，工作得有条不紊，简直令人惊奇！

它们为什么能配合得这样好呢？它们互相之间又是怎样联络的呢？

过去，人们对蜜蜂之间的通信，也就是蜜蜂的"语言"了解得很少。直到 20 世纪 20 年代，德国著名昆虫学家弗里希第一个对蜜蜂"语言"进行了研究。

弗里希专心致志地生活在蜂群之中，几十年如一日，细心观察蜜蜂的一举一动。正像他自己后来所说的："我觉得自己是一只蜜蜂，是从蜂房内部去认识这个复杂的蜂群社会的。"
经过这样刻苦钻研，弗里希终于揭开了蜜蜂
"语言"的奥秘。

弗里希发现，蜜蜂能用舞蹈来"说话"，
能用翅振动的嗡嗡声来"说话"，还能用触角
或者身体互相碰撞来"说话"。

蜜蜂的舞蹈是最奇妙的"蜂语"。

工蜂中有一些侦察蜂，它们负责寻找花蜜
好、花儿多的蜜源，然后把找到的蜜源信息报
告给家里的其他工蜂。收到侦察蜂的报告，工
蜂立刻组织大队人马，浩浩荡荡地开赴蜜源
地，采集花蜜。

一只蜜蜂飞行的区域大约是直径 5 千米的
地区，如果侦察蜂不报告蜜源的确切距离和
方位，别的工蜂无论如何也找不到已经发现的
蜜源。

　　侦察蜂是怎样报告蜜源的距离和方位的呢？它们是用一种特别的舞蹈来报告的。

　　以德国种蜜蜂为例，如果蜜源距离蜂巢在90米以内，侦察蜂就在巢内跳一种圆形舞蹈来报告。如果距离大于90米，它们就跳一种"∞"字形的摇摆舞来报告。

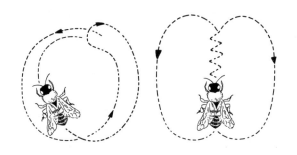

　　而且，蜜源的远近决定了侦察蜂跳"∞"字舞的圈数。蜜源距离远，舞的圈数就少，蜜源距离近，舞的圈数就多。

　　侦察蜂又是怎样用舞蹈来报告蜜源的方向呢？蜜源的方向是靠摇摆舞的中轴线在蜂巢中

形成的角度来表示的。

以蜂巢顶代表太阳的方位，如果蜜源的方向正对着太阳方向，舞蹈的中轴线在蜂巢中垂直向上，也就是侦察蜂头朝上跳舞；如果蜜源方向背着太阳，中轴线就垂直向下，也就是侦察蜂头朝下跳舞。舞蹈的中轴线跟巢顶的夹角正好表示蜜源方向和太阳方向的夹角。把这种奇妙的"蜂语""翻译"出来，侦察蜂的舞蹈好像在说："朝着和太阳成××度角的方向，飞行××米远，那里就有蜜源。"

侦察蜂还能报告蜜源的性质。这是靠侦察蜂身上沾回来的花粉和花蜜的气味来报告的。它们好像在说："那儿的花就是这种气味的。"

如果发现的花没有气味，侦察蜂就用自己身上的香腺，分泌一种有气味的物质——萜（tiē）醇涂在花朵上作为标记，使得同伴们一到那儿就会闻到这种气味，知道这是侦察蜂所找到的蜜源。

如果发现的蜜源花多蜜浓，侦察蜂的舞蹈就有力而持久。相反，如果蜜源花少蜜稀，侦察蜂的舞蹈就显得懒懒散散。所以蜂舞也传递蜜源好坏和数量的信息。

特别惊人的是蜂巢里黑洞洞的，蜜蜂的舞蹈"语言"是在几乎相互看不见的条件下"说"出来和"听见"的。原来，当侦察蜂兴奋地用舞蹈"语言"做报告的时候，同伴们都紧跟着它，用它们颤抖的触角抚摸它。这样，只要几分钟，它们就能心领神会，准确地飞往侦察蜂发现的蜜源地。

它们从蜜源采蜜返回来，也会翩翩起舞，向巢里的同伴报告消息。

蜜蜂用舞蹈"说话"的时候，它们的翅膀

不断振动，发出一种嗡嗡声。这种嗡嗡声也可以传递消息，或者被用来补充舞蹈"语言"，或者被用来加强舞蹈"语言"的"语气"，使舞蹈"语言"表达得更加完整、准确。

有时候，蜜蜂也会用触角或者身体互相碰撞来传递消息。

巴西有一种比较低等的蜂类，叫巴西熊蜂。在巴西熊蜂中，通常都用互相接触来"说话"。接触的身体部位、方式和频率不同，表达的意思也不同。

弗里希还发现，蜜蜂的舞蹈"语言"还有不同的"方言"。德国种蜜蜂有德国种蜜蜂的"方言"，意大利种蜜蜂有意大利种蜜蜂的"方言"。

德国种蜜蜂的侦察蜂发现蜜源在90米以内，就跳圆形舞；在90米以外，跳摇摆舞。而意大利种蜜蜂发现蜜源在10米以内，侦察蜂才跳圆形舞；在10米～30米，跳一种奇怪的镰刀形舞蹈；在30米以外，跳摇摆舞。这跟德国种蜜蜂舞蹈的含义明显不同。

你知道蜜蜂还有个"选址大会"吗？那更能看出蜜蜂舞蹈"语言"的精确和复杂。

蜂群到一定时候要分家，分出一部分蜜蜂迁到新的地方，建立新巢。这时候，蜂群先派出侦察蜂四处侦察，寻找适于建巢的场地，像一些空心树干、洞穴、人们废弃的木箱，等等。

侦察蜂回来，就在蜂巢里召开大会，向全体蜜蜂报告侦察的结果。每只侦察蜂通过舞蹈说明它发现的地点在哪儿，并且以重复这种舞蹈的次数，表示它对那个地方的喜爱程度。

然后，大伙儿开始"商议"，把选择的范围逐步缩小，剩下两三个地点。接着再派侦察蜂对这两三个地点进行"复查"。最后再由全体蜜蜂"讨论""协商"，取得选择新居的"一致意见"，分出来的蜂群就集体飞往那里，建立新蜂巢。

弗里希是研究动物"语言"的先驱。由于他的卓越贡献，使得人类第一次懂得了小小蜜蜂的"语言"，进而开拓了研究动物行为的一个新领域。为此，弗里希获得了当代科学家的最高荣誉奖——诺贝尔奖。

请蜜蜂来做客

唐代诗人罗隐赞美蜜蜂的诗中写道: "不论平地与山尖,无限风光尽被占。采得百花成蜜后,为谁辛苦为谁甜?"

蜜蜂自古以来就是人类的好朋友。诗人赞美蜜蜂勤劳无私,辛苦酿蜜,献给人们香甜的蜂蜜。其实诗人没有提到,采花蜜酿蜂蜜,这只是蜜蜂功绩中的一部分。蜜蜂对于人类还有更重大的贡献,那就是在采集花粉中为植物传播了花粉。

植物在生长后期要开花，经过传粉，才能结出果实。有些植物自花传粉，有些植物异花传粉。异花传粉的植物，有的靠风来完成，有的靠昆虫来完成。蜜蜂是一种重要的传粉昆虫，许多农作物都要依靠蜜蜂来传粉。所以，蜜蜂的活动，对农作物的收成有重要影响。

1977年，美国农业科学家摩辛曾经做过一个实验。他在甜瓜开花的季节，在甜瓜地里放置蜂箱。每英亩瓜地放4箱蜜蜂，每箱蜂大约有3万只。甜瓜成熟以后，摩辛统计了瓜地里的结瓜数和甜瓜的重量。他发现，放蜂箱的瓜地比不放蜂箱的瓜地甜瓜多结了23%，甜瓜增产9%。靠近蜂箱的甜瓜，平均每个重3斤7两，而远离蜂箱的甜瓜，平均每个重只有3斤4两。

你看，蜜蜂对庄稼的作用有多大。难怪农民们都欢迎这些带翅膀的"媒人"了。

1978 年，英国爱比斯地区曾出现邀请蜜蜂来做客这样有趣的事。

在庄稼开花的季节，爱比斯地区的农民发觉，地里的蜜蜂特别少，靠这些蜜蜂不可能给所有的庄稼传粉。没有蜜蜂传粉，庄稼就要减产。这可怎么办呢？

爱比斯地区的农民向生物学家请教，生物学家经过研究，决定邀请远方的蜜蜂来爱比斯做客。

怎么个请法呢？

前面介绍过蜜蜂的两种"语言"：舞蹈和声音。而这两种"语言"传播的距离很有限，无法达到邀请远方蜜蜂的目的。生物学家决定，利用蜜蜂的第三种"语言"来发"请柬"。

你观察过蜜蜂采集花蜜的情景吗？一片花地上起先只有一只蜜蜂，过不多久，其他蜜蜂就会纷至沓来。蜜蜂是怎样请来伙伴的呢？除了前面说的舞蹈"语言"以外，蜜蜂还有化学"语言"。

在蜜蜂的腹部，第六节到第七节之间有一个很小很小的腺体，蜜蜂想邀请伙伴的时候，这个腺体就释放出一种传递邀请信息的化学物质。同时，蜜蜂用力扇动翅膀，使这种信息物质迅速在空气中飘散。

你也许注意到，蜜蜂的头上都有两只小天线似的触角，触角上有非常灵敏的感觉神经末梢。这些神经直接和脑神经中枢相连，既有触觉作用，也有嗅觉作用。蜜蜂一旦嗅出空气中有这种信息物质的气味，就会立刻朝发出这种气味的地方飞来。

科学家分析了这种传递邀请信息物质的化学成分，发现其中主要成分是一种叫 E 柠檬醛的有机物质。一只蜜蜂分泌的 E 柠檬醛含量虽然非常少，却有惊人的效力，可以把几百米之外的蜜蜂吸引过来。

蜜蜂对这种信息物质的释放和调节也非常有趣。它们体内有一套专门管释放信息物质的酶系统。这个系统能根据蜜蜂情况，准确地把身体里另一种化学物质定量地转变成 E 柠檬醛，并释放出来。这样，这种信息物质既不会不够用，又不会太多，造成浪费。

这样的化学信息物质，就是蜜蜂的第三种"语言"——化学"语言"。

掌握了蜜蜂化学"语言"的秘密，生物学家就在爱比斯地区四周，按一定路线释放人工合成的E柠檬醛，组成一道道奇妙的气味走廊，邀请远方的蜜蜂来爱比斯做客。

这办法真灵。远方的蜜蜂闻味而动，沿着这些看不见的走廊纷纷前来。几天以后，爱比斯地区的农田里就聚集了不少蜂群。蜜蜂越来越多，出色地完成了传授花粉的任务。生物学家邀请蜜蜂做客的尝试成功啦！

蜜蜂的化学"语言"，是在千万年的生物进化中逐渐完善起来的。这种"语言"保证了整个蜂群的团结一致、协同工作，使蜜蜂的集体生活过得井井有条。

蜜蜂使用的化学"语言"很多，除了E柠

檬醛，还有其他信息物质。例如，蜜蜂在受到敌害侵犯的时候，会释放一种信息物质来标记敌人，引导别的蜜蜂共同向敌人进攻。这种标记物质的气味一出现，蜂群中就像拉响了警报，成百上千的蜜蜂倾巢出动，一哄而上，用毒针蜇得敌人狼狈不堪。

科学家对蜜蜂"语言"的研究和应用，目前才刚开了个头。

这方面还有许多有趣的秘密，等待你们去探索。

萤火虫的"灯语"

辽阔的海面上，两艘巨轮在航行，它们之间相隔几百米，船上人员如果用喊声来互相打招呼，就是喊破嗓子也听不清楚。有什么办法进行联络呢？有，白天，船员们可以互相打旗语；要是在晚上，就得打灯语了。

灯语，就是用船上特设的强烈灯光，按一定时间间隔照亮和熄灭，像发电报似的传递信号，用来代替说话。

灯语在航海中使用起来十分方便，不仅传

递信息的距离远，而且又快又准确。不用说，发明这种灯语的人，一定是个爱动脑筋的人。

然而，早在人类发明灯语之前，一种小小的昆虫就已经巧妙地运用"灯光"来通信了！

夏天的夜晚，灌木丛间、草丛里，有时可以见到一盏盏飞动的小"灯"。如果你抓住它一看，发现它不过是一只不显眼的小昆虫——萤火虫。

生活在农村的少年朋友，大多都见过萤火虫。如果你能抓住许多只萤火虫，把它们关进透明的小玻璃瓶里，就能做成一盏不用电池的活"电灯"。

相传我国古代有位非常用功的读书人，名字叫车胤，家里贫穷买不起灯油，他就抓了许多萤火虫，关在透明的纱布

口袋里，晚上用来照明读书。这就是囊萤夜读的故事。

后来，萤火虫引起许多科学家的兴趣，他们积极研究萤火虫的发光秘密。

萤火虫身体上的光是从什么部位发出来的呢？仔细观察一下可以发现，这个发光的小"灯"位于萤火虫腹部的第六节和第七节之间，那里有一部分表皮特别薄，薄得几乎透明。这层薄膜里面，就是萤火虫的小"灯"——发光器官。

萤火虫的发光器官由一小簇特殊的大细胞组成，周围分布着许多小神经和小气管。这些细胞为什么会发光呢？原来，这些细胞中含有一种奇妙的物质，叫作萤光素。萤火虫呼吸的时候，氧气从小气管进入细胞，和萤光素结合，在另一种物质萤光酶的作用下，发生化学反应，发出光来。可以写成一个简单的公式：

$$萤光素+氧气 \xrightarrow{\text{萤光酶作用}} 发光$$

萤火虫的这种发光本领，使电气工程师们非常羡慕。因为萤火虫的"灯光"消耗的能量极少，发光效率很高，远远超过人类制造的任何一种电灯。如果能仿照萤火虫的发光器官制造电灯，那就可以节省许多电能。可是直到今天，科学家还没有造出这样一盏灯来。

萤火虫黑夜发光，白天它是不是也发光呢？可以做这样一个实验：在黑暗中，萤火虫发出光亮，然后用非常细的一束光线照射在萤火虫的眼睛上。这时候，萤火虫的小"灯"立刻熄灭了。可见，萤火虫在白天是不发光的。

萤火虫是怎样控制小"灯"发光的呢？

原来，萤火虫的眼睛感受到光亮刺激的时候，眼神经末梢立刻向脑神经中枢报告："天亮了！"它的脑神经中枢再向发光器官周围的小神经发出命令："熄灯！"

这些小神经控制着发光细胞周围的小气管,小神经接到脑神经中枢的"熄灯"命令以后,就关闭小气管,停止向发光细胞供给氧气,于是小"灯"就熄灭了。

萤火虫就是这样巧妙地通过神经系统控制发光,一点儿也不会浪费自己的能量。

科学家发现,由于萤火虫有控制小"灯"发光的特殊本领,它们之间就能通过打"灯语"来"说话"。这个秘密是美国佛罗里达大学动物学家劳德埃博士发现的。

劳德埃博士是一位研究昆虫行为的专家。他钻研萤火虫的发光现象,长达18年之久,跑遍了世界上许多有萤火虫的国家。

劳德埃博士发现:同一种萤火虫,雄虫和

雌虫之间能互相用"灯语"联络。

　　有一种萤火虫的雌虫会按很精确的时间间隔，发出"亮、灭，亮、灭"的信号。这是它向雄虫发出的"灯语"。雄虫收到这个"灯语"以后，就会发出"亮——灭、亮——灭"的信号来回答。它们互相用特定的光信号交谈，最后飞到一起，结成配偶。

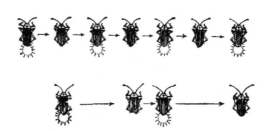

　　萤火虫有许多种类。种类不同，"灯语"也各不相同。

　　美国佛罗里达大草原上，有一种萤火虫求偶时间很短，在寻找雌虫的时候，雄虫之间常常进行激烈竞争。竞争中，有的雄虫模仿雌虫的"灯语"，把别的雄虫引开，使它误入歧途，自己好独占雌虫。有的雄虫在别的雄虫和雌虫"灯语对话"当中，突然插进去，发出亮光，打断它们的"对话"。萤火虫就是这样用"灯语"来钩心斗角的。

更有趣的是，有些萤火虫的雌虫，还会发出欺骗性"灯语"，它们模仿别的种类雌虫的光信号，吸引那一种雄虫飞来。然后，把这些上当的雄虫抓住，当美餐吃掉。

劳德埃博士发现，萤火虫不仅能用"灯"光的亮灭来"说话"，还能用"灯"光的不同颜色来传递消息。

南美洲有一种萤火虫与众不同，它的身上有两盏"灯"。一盏长在头上，是红"灯"；一盏长在尾端，是绿"灯"。它可以自由控制这两盏"灯"的点亮或熄灭。

　　萤火虫用红"灯"和绿"灯"来传递不同含义的信息。当四周环境安宁、没有危险的时候，萤火虫点亮红"灯"，这是向同伴们报告：天下太平。当附近出现敌害或其他危险的时候，萤火虫就熄灭红"灯"，点亮绿"灯"。这是向同伴们发出的警报，暗示此处危险！别的萤火虫见了绿"灯"，就会远远地躲避开。

　　这种萤火虫会使用红"灯"和绿"灯"来通信，很像警察指挥车辆使用的红绿灯一样，只不过颜色相反。

水面"电报"的收发员

　　如果你走过水潭、池塘，仔细观察一下，有时会发现一些浮在水面上的小虫子。它们的身长 5 厘米左右，全身黑色，有 6 条细长的腿，动作十分灵活，这就是水黾（mǐn）。

　　水黾是一种终生生活在水里的昆虫，可以说它是一支昆虫的水上部队。它在动物分类上，属于昆虫纲，半翅目，异翅亚目。

　　别看小小水黾貌不惊人，几乎世界各地都有它们的踪迹。甚至在无风三尺浪的海面上，也有一种水黾在艰难地生活着。这是迄今为止人们所知道的唯一能在海面上生活的昆虫。

水黾一向默默无闻，但也引起科学家的关注。因为在它们的生活中，有一些有趣的秘密。

也许你在课堂上学过，任何物体，如果它的比重比水大，放在水里就会下沉。水黾身体的比重比水大，可是它们在水面上，不但不会下沉，而且还能往来自如。这是什么原因呢？经过科学家仔细研究发现，水黾腿部特殊的微纳米结构，是其能够浮在水面上的真正原因。这些结构可以吸附气泡形成气垫，从而让水黾能够在水面上自由穿行，却不会将腿弄湿。

平时，水黾用中足和后足支撑身体和划游

运动。它划动的速度很快，每秒钟可划 5 次。它边划水，边举起一对前足，随时准备猎食。如果鱼儿追来，水黾还能巧妙地在水面上跳跃逃命。

科学家发现，水黾对水面动静非常敏感。哪怕是一两滴雨点，它也急速地逃走。它的感觉为什么这样灵敏？

原来，在水黾的足关节之间有一层特殊的薄膜，膜上有灵敏的感震细胞。水面的轻微波动，通过足上的感震细胞，报告给脑神经中枢，脑神经中枢经过分析，最后命令水黾的 6 条腿："赶快划，逃跑！"当然，水黾的其他感觉器官，特别是眼，也同时起作用。

水黾时时留心四周的动静，因为周围环境的动静，对它都是生死攸关的情报：是送上门来的美餐，还是凶恶的大敌。

一位美国科学家发现，在新英格兰的一个池塘边，有一只蚂蚁掉进了水里。蚂蚁不会游泳，在水里挣扎。水面的微波被附近的水黾觉察到了。它们转过身来，以最快的速度划游过去。水黾把针一样的刺吸式口器灵巧地刺入蚂蚁身体，把一种麻醉性分泌液注射到蚂蚁体内。3分钟之后，蚂蚁体内的营养物质全变成了液体。水黾狼吞虎咽地把营养液吸完，水面上只留下蚂蚁躯体的空壳。

有一次，美国动物学家威尔考克斯教授在澳大利亚的一个池塘旁边，仔细观察研究水黾的生活习性和行为。他发现，一只雄水黾停留在水面上，用它的两只前足有节奏地叩击水面。这时候，平静的水面泛起粼粼微波，微波慢慢向四周扩散，形成一个又一个的同心圆。过了一会儿，就有一只雌水黾向雄水黾游来。

这个不寻常的现象，引起了威尔考克斯教授的注意。雌水黾是怎么找到雄水黾的？莫非是水面微波牵的线？莫非雄水黾叩击水面是在向雌水黾发出联络信号？

经过认真研究，威尔考克斯教授发现了一个惊人的秘密：水黾能通过振动水面、产生微波来传递消息。

这种传递消息的方法精确可靠，简直有点儿像电信部门的收发电报。

水黾称得上是水面"电报"的收发员。

威尔考克斯教授进一步发现，雄水黾向

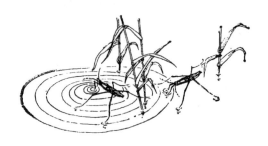

雌水黾"拍电报"的时候，振动水面的频率从每秒钟25次开始，慢慢减到每秒钟10次～17次结束。这是一段寻求配偶的"电文"。当雌水黾收到这种求偶"电报"以后，立即"复电"。它的"电文"是以每秒钟振动水面20次～25次发出的。

通常，雌水黾一边复"电文"，一边向雄水黾慢慢游过去。它们是通过这种奇妙的水面"电报"的一发一回，来进行联系的。

雌雄水黾配合默契。雌水黾在水面漂浮的树叶或杂草上产卵时，雄水黾就在一旁警惕地守卫着雌水黾。如果有别的雄水黾游过来，这只雄水黾就会以每秒钟振动30次以上的频率，发出稳定急促的"电报"，警告对方："不准前来！"如果那只雄水黾不理睬这个"电报"，继续游过来，这只雄水黾就会冲过去和它格斗。

威尔考克斯成功地翻译出水黾的"电报密码"，于是，他就和这些水面"电报"的收发员们开了个玩笑。他制作了一只小巧的电子仪器，把它安装在池塘里，通过岸上的无线电仪器遥控，用这个电子仪器模拟水黾"发报"。电子仪器发出的假水黾"电报"和真"电报"一模一样，结果竟使得不少雌水黾信以为真，受骗而来。

水黾通过振动水面来传递消息，这种奇妙的"说话"方式是动物语言中非常有趣的特例。正由于水黾有这样奇妙的水面"电报"收发技术，才使得这支水上部队在复杂的自然水域中生存下来，繁衍下去。

蜘蛛的"语言"和"文字"

小小诸葛亮，身坐中军帐，

布下八阵图，专擒飞来将。

这是什么？你们一定会抢着回答：蜘蛛。

蜘蛛是生活中常见的小动物。它长着8条细长的腿，动物分类属于蛛形纲，蜘蛛目。

地球上各种各样的蜘蛛有几万种，也是一个成员众多的大家庭。

你常看见蜘蛛在屋檐下、墙角间、树枝上、草丛中勤快地织网，耐心地狩猎。它们能巧妙地用网把飞虫捕获，再向虫子体内注射消化液，来溶解虫子体内的营养物质，然后，蜘蛛再慢慢地来吮吸汁液。

过去，人们总是认为，蜘蛛各自为政，是互不通气的。近年来科学家发现，蜘蛛之间还保持着非常秘密的通信联系。

美国佛罗里达大学昆虫研究所里，有一间

奇特的宿舍，宿舍里横七竖八地布满了大大小小的蜘蛛网，简直像长久没有人居住一样。人们可以到这间宿舍来做客，可不许你碰坏屋里的蛛网，当然更不能踩死蜘

蛛了。原来，这些蜘蛛都是宿舍的主人爱德华兹精心饲养的。他是一位醉心于蜘蛛研究的蜘蛛迷。

多年来，爱德华兹昼夜跟蜘蛛做伴，悉心研究它们的生活习性。他发现了一个惊人的秘密。过去，动物学家都认为蜘蛛是哑巴，事实上并非如此。爱德华兹发现，有一种跳蛛，到了繁殖的季节，雄蜘蛛爬上高处，发出一种非常轻微但很清晰的"歌声"。这种"歌声"像一组一组连续的颤音，人们在 1 米以内能够听清楚。

跳蛛的"歌声"含义是什么？它传递哪些信息？

爱德华兹悄悄用高灵敏度的录音机录下一段跳蛛的"歌声"，放给其他跳蛛听。结果发现，雄的跳蛛听了反应冷淡，而雌的跳蛛听了却"手舞足蹈"，反应强烈。看来这种"歌声"一定是雄跳蛛吸引雌跳蛛的信号。

那么，跳蛛的"歌声"又是怎样"唱"出来的呢？经过对雄跳蛛的解剖观察，爱德华兹发现，雄跳蛛嘴巴内部两侧各有一根头部尖尖的白色杆状的东西，这可能就是跳蛛的发声器官。跳蛛以一定的频率摩擦这对发声器官，就会"唱"出"歌声"来了。

这样，爱德华兹第一个发现了蜘蛛的"语言"。

科学家还发现，蜘蛛除了有声音"语言"外，还有舞蹈"语言"。

有一类凶残的蜘蛛，叫狼蛛。它们就有奇妙的舞蹈"语言"。

在求偶季节，雌狼蛛在身体末端拖出一根很长很长的蛛丝。蛛丝上有雌狼蛛的气味。雄狼蛛只要发现这根丝，就会顺藤摸瓜，找到雌狼蛛。

一找到雌狼蛛，雄狼蛛就会举起两条长满刚毛的前腿。这是一个信号，表示自己是雄狼蛛，是来求偶的。如果没有这个信号，凶残的雌狼蛛会扑过去吃掉它。

接着，雄狼蛛开始表演一套奇特的舞蹈。它以一定的节奏，一上一下地挥舞前腿。有时一条腿挥动，有时两条腿同时挥动。还有的雄狼蛛边跳舞，边用腿叩击地上的叶子，发出"噼啪噼啪"的伴奏声。

通常，雄狼蛛要跳很长时间的求偶舞，而雌狼蛛在一旁默默地看着。狼蛛的视力比较好。当雌狼蛛看懂了舞蹈"语言"以后，就慢慢地改变了它那习惯的捕食姿态，做出接受交配的样子。雄狼蛛不停地跳舞，一边跳一边移近雌狼蛛，从而完成传宗接代的任务。

科学家发现，不同蜘蛛在跳舞的时候还有不同的特点。有的蜘蛛具有色彩鲜艳、十分醒目的触角和大颚，它们边跳舞边挥动触角和大颚，以引起对方的注意；有的蜘蛛眼睛的颜色在跳舞时变化，像会眨眼的玩具娃娃似的，产生一种闪光；有的雄蜘蛛一边跳舞，一边绕着雌蜘蛛横着爬行，像螃蟹爬行那样。所有这些，都属于可以看见的舞蹈"语言"吧。

蜘蛛有趣的舞蹈"语言"，给科学家留下深刻印象。他们确信，如果没有这种能看见的舞蹈"语言"，雌蜘蛛就会不管三七二十一地把靠近它的雄蜘蛛吃掉。这样，它们也就无法繁殖后代。可见，舞蹈"语言"在蜘蛛的生活中是多么重要。

蜘蛛通过唱歌和舞蹈来"说话"，这也许

还不算稀奇，更惊人的是蜘蛛还会"写字"！

科学家研究蜘蛛织网时发现，小小蛛网不寻常，其中隐藏着大量的信息。

气象学家注意到，天气的变化趋势竟能在一张小小的蛛网上面反映出来。根据蛛网的方位、图案和蛛丝的变化，可以推测未来天气的变化，比如晴雨、气压和风向。

科学家进一步研究发现，世界上没有两张一模一样的蛛网。不同种的蜘蛛，织不同的网。除常见的平展蛛网以外，还有碗形的、钱包形的、圆屋顶形的、漏斗形的、管子形的蛛网等。真是形形色色，无奇不有。

不管哪一种蜘蛛织的网，都有自己的基本图案，几万年来从未改变，并且在漫长的生物进化过程中，一代一代地传了下来，这就是蜘蛛的本能活动。

然而，科学家发现，在同一种蜘蛛中，尽管网的基本图案相同，不同蜘蛛织的网，也还是有许多细微差别。这些细微差别，包含着复杂的信息，蜘蛛之间通过蛛网的差异来互通信息。蛛网就成为它们交流信息的一种工具。

正常的蛛网

蜘蛛织网好比在"写字"，它能在网上留下各种信息。通过蛛网图案的变化，可以反映出天气变化、环境好坏、食物多寡、天敌"敌情"、自己的性别等各种情报。别的蜘蛛爬上这张网，依靠它足尖上非常灵敏的触觉，就能"阅读"出网上的"文字"，了解这张网上主人的情况。

　　有一种地蜘蛛，它在小地洞里藏身。平时，它在洞口织一个管状蛛网。当小虫通过洞口的时候，就被粘在网上。这时候，地蜘蛛再把小虫拖进洞里吃掉。

　　到了繁殖季节，雄地蜘蛛凭气味找到雌地蜘蛛的网，再用前足以特有的节律小心地叩击网。雌地蜘蛛辨认出这个信号以后，就会做出一定的动作来回答。如果雌地蜘蛛已经交配过了，它就猛烈地摇动蛛网，表示不欢迎。雄地蜘蛛感知这个信号，就自动走开了。如果雌地蜘蛛没有交配过，就会轻轻地弹动蛛网，表示欢迎。雄地蜘蛛凭它足尖的灵敏触觉，立即钻进洞去，完成交配。

　　有一种园蛛，雄的小，雌的大。在繁殖时期，雄的停在网的一角，弹琴似的用足拨动网丝；而雌的守在网的中央，接受这种信号。如果雌的准备交配，它会一动不动地守着；雄的一面弹网，一面向雌的爬去。如果雌的不准备交配，它会像捕食一样朝雄的扑去，网就会剧烈震动。这时候，雄蛛知道来者不善，就会赶紧逃走。

你看，蜘蛛这种小小的 8 脚动物的"语言"和"文字"是多么重要，甚至时刻决定着它们的生死存亡。

鱼会听会"说"吗？

"鱼儿离不开水"，这是人所共知的常识。在地球表面，水域面积远远大于陆地面积，其中，海洋占地表总面积的71%，面积约为3.6亿平方千米，鱼类在这么广阔的水域中生活。鱼类会不会"说话"？它们能不能听见声音？它们之间是怎样通信联络的？这是科学家多年来很感兴趣的问题。

鱼能不能听见声音？人们研究这个问题的历史很长了。早在很多年前，著名鱼类学家韦

伯就曾经研究过这个问题，他的结论是鱼没有听觉。

20世纪初，在德国一家养鱼场里，曾经发生过一件很有趣的事。这家养鱼场在教堂附近，鱼池里放养着许多鳟鱼，由一位工人负责看管。

每天早晨，工人总是非常准时地在教堂晨祷钟声敲响的时候，给鳟鱼喂食。有一天，工人睡过了时间，钟声敲过了好一会儿，他才来到池边。这时候，鱼池里出现了十分奇怪的现象：许多鳟鱼聚集在一起，把嘴巴露出水面，等着喂食。它们好像在责怪工人姗姗来迟。

这使得工人大为惊异。因为平常总是工人

站到水池边上以后，鳟鱼才渐渐聚集过来。是谁把喂食时间告诉了鳟鱼呢？

第二天，工人有意识地等教堂钟声响过之后，再去喂食，又发现鳟鱼已经在池中集合等候了。爱动脑筋的工人想：鳟鱼怎么会知道喂食的时间？会不会是教堂的钟声告诉它们的？这么说，鳟鱼能听见钟声？

他把这件事报告给德国生物学家拉德库里夫博士。当时，博士正在研究鱼能不能听见声音这一课题。他做过一个简单的实验，在鳟鱼比较多的河边放枪，发现鳟鱼并不因为枪声而

游开。他认为鱼听不见声音。当他听了工人的报告以后，起初他认为鳟鱼集合，只是因为它们看到了映在养鱼池水中工人的身影。

第二天一早，拉德库里夫博士也来到养鱼场，和工人一起躲在池旁的小屋里，用望远镜观察水池中的动静。

"当！当！当！"教堂晨祷的钟声又响了，没有人去喂食，水池边没有一个人影。

忽然，鱼池里传来阵阵响声：鱼群又集合了！鱼嘴露出水面，鳟鱼你挤我，我挤你，发出一片嘈杂的水声，就像雨点打在枯树叶子上似的。工人报告的情况完全属实。

在事实面前，拉德库里夫博士改变了原先的结论，撰写了关于鳟鱼能听见钟声的论文。这是历史上第一次用科学实验来证实鱼类具有听觉。

后来，另一位德国生物学家弗里修博士用
驯鱼的方法，继续研究鱼类的听觉。他每次总
是先发出一定频率的声音，再投给鱼一点儿食
物。经过多次训练，鱼只要一听见声音，没有
食物也会迅速游来。

弗里修博士发现，许多鱼类有良好的听觉。
有一种鲇鱼的听觉特别灵敏，弗里修只要在水
池边吹一声口哨，它们就会闻声而来。弗里修
在德国曾当众表演了这种奇特的鲇鱼"马戏"。

实验证实，鱼类确实能听见声音。那么，
鱼类的听觉器官在哪里？它是怎样产生听觉
的呢？

人有外耳、中耳和内耳。声音从外向内传
入，刺激内耳的听觉感受器，由听神经传入大
脑，产生听觉。从外表看，鱼没有外耳，也没
有中耳，只有埋藏在头部两侧的内耳。内耳中

有听囊，听囊中分布许多听神经细胞，浸在内淋巴液里。声波使淋巴液产生振动，让听神经细胞产生信号，传入大脑产生听觉。这个过程和人耳产生听觉的过程大致相似。只是鱼的内耳构造比较简单。

鱼的内耳有三块晶莹的石块，一大二小，叫作耳石。耳石能调节鱼体的平衡。吃黄鱼时，你会看到鱼头中有豆子大小的白石块，这就是黄鱼的耳石。这个位置就是黄鱼的内耳。

近年来，科学家对鱼类听觉的研究越来越深入。他们发现，有些鱼类的听觉甚至比人类还灵敏。

人能听到的声音最低频率大约为 20 赫兹（每秒振动 20 次），而有些鱼能听到低达 2 赫兹的超低频率。

鱼具有灵敏的听觉，是鱼类长期适应水下

生活所形成的，用来弥补视力的不足。

　　当你游泳的时候，你会感到水下深处的光线比陆地上暗。可以想象江河湖泊的底层，常年混浊不清，超过百米深的海洋，更是漆黑一片。长期生活在这种"暗无天日"的环境中，鱼类是天生的近视眼。那它们怎样来寻找食物、躲避敌害呢？只得靠听觉和其他感觉器官的帮助。没有灵敏的听觉，鱼类是很难生活下去的。

　　鱼类能不能发出声音来呢？我国古代劳动人民在很久以前就做过认真的观察。

　　古书《游览志》中有这样的记载："……石首鱼出水能鸣……每岁四月，来自海洋，绵亘数里，其声如雷。"这段文字生动地描述了石首鱼（指大黄鱼和小黄鱼）每年农历四月在海洋中成群结队游动的情景。鱼群长达数里，浩浩荡荡，发出的鸣声就像打雷似的。这大概是世界上关于鱼类能发声的最早的记载了。

现代科学家运用水下录音机等设备，研究鱼类的发声现象，发现能发声的鱼类很多，所发出的声音也五花八门，十分有趣。

大黄鱼的声音，像远方的马达声："轰隆隆，轰隆隆。"

小黄鱼的声音像青蛙在鸣叫："呱呱呱，呱呱呱。"

黄鲫鱼和鲳鱼的声音很相似，都是"沙沙沙沙"，就像风吹树叶。

箱鲀发出"汪汪汪"的声音，很像狗叫。

青鱼发出的"唧唧啾啾"声恰似鸟鸣。

印度鲹鱼和球鱼发出"呼噜呼噜"的声音，就像小猪在拱食物。

黄颡（sǎng）鱼跟鲷（diāo）鱼会发出"轧轧轧""咯咯咯"声，有点儿像人睡着以后的咬牙声。

鲛鳒鱼发出"嗬嗬嗬"的声音，有点儿像老年人的咳嗽声。

鲻鱼发出一种"吱唔"的怪声，听起来就像初学拉胡琴的人拉出的别别扭扭的琴声。

沙丁鱼成群结队，发出"哗啦——哗啦——"声，像寂静的深夜，海滩上浪涛拍岸的声音。

生活在大西洋的鼓鱼，黑海里的鲂鱼，它们能发出"咚咚"的鼓声，"叮叮"的铃声，"咯咯咯"的母鸡叫声，因而被誉为鱼中的"鼓手"和"歌唱家"。

鱼类中还有一位出色的"演奏家"，那就是比目鱼。它发出的声音，变化多端，很动听：时而响若洪钟，时而脆似银铃；时而像大风琴雄浑的独奏，时而又像竖琴和谐的齐奏。

鱼类没有专门的发声器官，那么，它们是

怎样发出这么丰富的声音来的呢？

原来，鱼类是依靠体内其他器官来发声的。你解剖过鱼吗？在鱼的脊椎骨下面，消化道上面，有一个长袋形的气泡，这就是鳔。鳔内充满气体，是鱼的重要器官。

鳔除了用来调节鱼在水中的比重，控制鱼在水中沉浮以外，还能发出声音。在鳔的周围有一些肌肉，收缩这些肌肉，可以使鳔发生振动而发出声音。黄鱼、鲷鱼、箱鲀、鲂等许多鱼，都是用鳔来发声的。

鱼还能利用其他部位发声。竹鱼通过咬牙锉齿发出刮梳子似的声音。鼓鱼的"叮咚"声，是靠它巨大咽喉齿的摩擦发出来的。有的鱼还会拍打鳃盖、摩擦背鳍、胸鳍等来发声。

研究了鱼类听声和发声的秘密之后，科学家终于揭开了鱼类"语言"的秘密。

鱼类的声音"语言"

鱼类既能听到声音，又能够发出声音。那么，鱼类能不能用声音来交谈？换句话说，它们有没有声音"语言"？

弄清楚这个问题，比研究鱼类能不能发声要困难得多。这就必须把鱼的声音同鱼的生活行为联系起来观察和研究，弄清声音在鱼类生活中的意义。也就是说，要听其声，观其行。

鱼是江河湖海中的"旅行家"，要对鱼类观其行谈何容易。除了少数鱼类有定居一地的习性外，大多数鱼类都要定期沿着一定的路线进行集体旅游。科学家把这种有规律的鱼群运动，叫作鱼类的洄游。

鱼类为什么要进行洄游呢？大致有 3 方面的原因：寻找合适的繁殖场所，进行生殖洄游；寻找食物丰盛的场所，进行索食洄游；躲避冬季的严寒，进行越冬洄游。

鱼类的洄游，近的数百千米，远的数千千米。洄游途中，鱼群时而接近水面，时而潜入水底。要对鱼群听其声、观其行，就必须长途追踪、观察。

近年来，科学家研制出各种各样的自动记录仪，可以自动记录鱼群的声音、去向、游速、规模等信息。深潜球和海下观察舱，可以载着科学家在大海中自由地上下左右遨游，跟踪鱼群。也有的用摄像机拍摄鱼类的各种行为。甚至还有的利用太空轨道上人造地球卫星里面的遥感仪，对洄游中的鱼群进行严密监视。

经过这样的观察研究，科学家逐渐弄清了鱼类声音"语言"的秘密。

科学家发现，鱼类的发声多半是有一定意义的。主要用来和同种或别种鱼类进行交谈。

黄鱼，每年 4 月成群地进行生殖洄游。它们鸣声如雷地从远海游来，边游边寻找配偶，然后受精产卵，繁殖后代。

黄鱼的声音"语言"，对渔民捕鱼很有用。

我国沿海渔场每逢黄鱼汛期，有经验的老渔民就躺卧在舱底，耳朵紧贴船板，或用竹竿探入水中，耳朵贴在竹竿上，静听海中的鱼声，根据鱼声的强弱，判断鱼群的大小、方位。

鱼发出的各种声音能告诉人们什么情况呢？

如果听到黄鱼的"咯咯"声清脆响亮，渔

民就会知道鱼群中雄鱼较多，鱼群也不大，这只是"先头部队"。如果听到水下像一片煮沸的粥声，肯定黄鱼的大队人马已经到达。

在黑暗的水下世界，鱼类不仅用声音联络异性，繁殖后代，而且还能用声音互相招呼，互相帮助，共享美餐，躲避敌害。鲳鱼、鳜鱼等，会像虾、蟹那样，一发现可口的食物，就会用声音邀请同伙来分享。

池塘里风平浪静时，鲢鱼和柳条鱼常常集群游荡。它们前呼后拥，有时发出嘈杂的声音，可能是在聊天。一遇风吹草动，立刻停止聊天，整个鱼群呼啦一声，向四面八方散去。

遇到敌害的时候，不同的鱼发出不同的声音。有一种海鲫鱼，遇到凶猛的鱼类，它们会发出一种像敲打金属似的"当当"声。这种奇特的声音，常使得凶猛的对手一时摸不透海鲫鱼的实力，不敢轻举妄动，海鲫鱼就趁机逃脱了。

另一种真鲹鱼，在遇到敌害袭击或追捕的时候，会发出"咕咕咕"的奇特叫声。这种叫声是在给同伴们通风报信，让它们赶紧躲避。

国外有一种有趣的钓鱼方法，即在钓钩周围的水里拴几条金属假鱼，假鱼肚子里装上鸟枪铅弹，扯动系线，铅弹发出"沙啦啦、沙啦啦"的声响，很像一些鱼类索食的叫声，这种声音能骗得鳕鱼、狗鱼和鲇鱼上钩。

非洲西部的原始部落，他们捕鱼从来不用钓鱼钩，而用一种兽骨刻成的发声器，形状有点儿像小孩子玩的拨浪鼓。把它放在水中轻轻摇动，会发出"咯嘞咯嘞"的响声，声音通过水的传播会吸引来大大小小的鱼。渔民站在独木舟上，手执鱼叉，看准要捉的大鱼，飞起一叉，鱼就被"钉"住了。

鱼类的光电"语言"

　　科学家发现，鱼类除了有声音"语言"以外，还有听不见的各种各样的无声"语言"。

　　有些鱼类，到了繁殖季节，雄鱼跟雄鱼之间会发生争夺雌鱼的争斗。这种争斗有时表现得十分文明：两条互相竞争的雄鱼，并不是穷凶极恶地发动攻击，进行搏斗，而是双双并排游动，各自用尾巴击水，向对方显示自己的实力。

　　鱼体两侧都有灵敏的侧线感受器，它对水

流的感觉很灵敏。通过侧线感受器对水流大小的感觉，双方都能了解对手的体格和力量。

用这样的方式向对手送信，有点儿像古代武士在比武前，双方互通姓名似的，常能使其中弱的一方甘拜下风、自动引退，从而避免了一场你死我活的恶斗。

太平洋的深海中，生活着一种有趣的闪光鱼。它们的两眼上方，有两盏小"灯"。这对奇妙的小"灯"，是一些发光细菌发出的光。它们寄生在鱼眼上方的透明的皮肤囊里。

平时，这些发光细菌所需要的氧气和养料，都由这条鱼来供给，而发光细菌为闪光鱼点亮小"灯"。这是生物界中的共生现象。

小"灯"的亮和灭，不是由细菌来决定，而是由闪光鱼提供的氧气来控制的：供给氧气就发光，中断氧气就熄灭。

闪光鱼为什么要供养这些发光细菌来给自己点"灯"呢？

科学家仔细研究以后发现：原来小"灯"能给闪光鱼带来两个好处：当闪光鱼遇到凶猛的敌人的时候，就会突然点亮小"灯"，"灯光"使敌人眼花缭乱，而闪光鱼趁机逃之夭夭。另一个好处是，闪光鱼用"灯光"来作通信工具。它可以告诉伙伴们，这一片是它的地盘，请不要擅自入侵。它们也能用"灯光"来互相交谈。总之，"灯光"也像萤火虫的"灯语"那样，为鱼的光"语言"。

许多热带鱼类能放电。电是通过鱼的肌肉或皮肤中的真皮腺变成的发电器官放出来的。

印度洋电鳐的发电器官在胸腹部，它放出的电压可达100伏特。非洲电鲇放出的电压可达400伏特～480伏特。而南美洲河流中的电鳗，它尾部有发电器官，放出的电压竟高达600 伏特！

这些鱼类为什么要放电？

最早人们发现，电鱼放电，可以击中敌害或捕捉食物。

20 世纪 60 年代，科学家进一步研究了电鱼，发现它们有与众不同的构造，比如身体前端有能感受电脉冲的特殊感觉器官。这种特殊的感觉器官对鱼的生活有什么用呢？

原来，在大海深处，电鱼向一定的方向放出电脉冲，电脉冲遇到物

体以后，会产生回波，再反射回来。电鱼接收
到这种回波以后，就能够判断出这个物体的性
质：是礁石还是船只，是敌人还是食物，以及
这个物体距离自己有多远，等等。最后，电鱼
会做出恰当的行为，或捕捉，或逃避。

像电鱼这样的发射电脉冲和接收回波，在
现代通信技术上叫作回波定位。人们根据这个
原理，研制军事上的雷达系统。你看，每条电
鱼身上竟还有一个小小的雷达系统哩。

电鱼能通过放电来"交谈"吗？

科学家通过对电鱼的研究惊奇地发现，在
电鱼之间，这条鱼放出的电脉冲，可以被那条
鱼接收；那条鱼收到之后，还会放出电脉冲来
回答。通过这种电波的"交谈"，双方可以了
解对方的种类、年龄和性别等情况。电鱼能用
不同频率、不同波形的电脉冲互通消息。电鱼

放出的电波，竟变成了鱼类的"电话"！

电鱼放电的强弱，还跟它们生活的水域、水质有关。德国科学家发现，有一种金鱼，当它们生活的环境被污染以后，放出的电脉冲比较强；而在清洁的水中，它们放出的电脉冲很弱。这样，人们就能利用这种金鱼的放电，来监测环境水质污染的程度。

你看，鱼类的电"语言"，还对人类有益呢。

鱼类的化学"语言"

　　你也许想象不到，鱼类除了有高超的听觉以外，味觉和嗅觉也灵敏得惊人。

　　日本科学家做过一个实验：用清水稀释糖水，直到人的舌头完全感觉不出水有甜味。再用 1 份这样的淡糖水和 499 份清水混合，就是这样极淡的糖水，鱼仍然能感觉出甜味来。也就是说，鱼对甜味的感觉，要比人强好几百倍。

　　鱼对咸味的感觉，不如对甜味的感觉敏感，

但是也要比人的感觉强 180 倍。

美国科学家做过这样一个有趣的实验：在大鱼缸里，有一条双眼失明的鱼在安静地生活着。另一个鱼缸里，生活着一条凶恶的鱼中强盗狗鱼。科学家从狗鱼的鱼缸里舀了一杯水，轻轻地倒入瞎眼鱼的鱼缸里。瞎眼鱼立刻像受了什么惊动似的，在鱼缸里乱窜起来，显得惊慌不安，最后竟躲到假山的石缝中去了。

原来，狗鱼留在水里的气味，使瞎眼鱼感到惊恐。看，鱼的嗅觉多么敏锐！

鱼的气味从哪里来？鱼的皮肤表面，有许多小腺体，它也能分泌信息素。这些信息素可以被其他鱼通过嗅觉或者味觉接收，是鱼类又一种重要的无声"语言"。

非洲鲫鱼的受精卵是由雌鲫鱼含在口中孵化的。小鱼孵化出来以后，在能够独立生活之前，总是围在鱼妈妈身边游来游去。鱼妈妈向水中分泌一种信息素，使小鱼能认得妈妈。小鱼也分泌另一种信息素，使鱼妈妈可以随时照料它们。敌人游来的时候，鲫鱼妈妈张开大嘴巴，把它的孩子们统统吸进口中，保护起来。要是没有信息素这种无声"语言"，非洲鲫鱼这样亲密的母子关系是难以维持的。

鱼群洄游千里，总是能准确地到达目的地，它们是怎样辨认洄游路线的呢？这个问题曾经使许多科学家感到迷惑不解。

为了解开这个疑团，科学家用大马哈鱼做了一个非常有趣的实验：

每年，大马哈鱼要进行一次长途旅行，从千里之外的海洋，游到江河的淡水中产卵。它们的洄游路线是十分固定的。

科学家从海洋中捕捉了一批大马哈鱼，把

它们分成 3 组：一组破坏它们的视觉器官眼，一组破坏它们的听觉器官耳，一组破坏它们的嗅觉器官鼻。然后，在它们身上做出特定的标记，放回大海。

到了生殖产卵的季节，科学家在大马哈鱼产卵的江河中，寻找这些带有标记的大马哈鱼。他们找到了眼瞎和耳聋的大马哈鱼，却没有发现被破坏了嗅觉器官的大马哈鱼。这说明看不见东西、听不见声音的大马哈鱼仍然能辨认洄游路线；只有失去了嗅觉功能的大马哈鱼迷了路，再也找不到产卵的江河了。

这个实验有力地证明，大马哈鱼是凭着水中特殊化学物质的气味来寻找洄游路线的。一些其他鱼类也是这样。

同样，水里的气味也含有大马哈鱼分泌的化学信息素。这一点被科学家的实验所证实。

美国科学家观察了红点鲑鱼产卵繁殖的情况：鲑鱼在美国萨那根河中产卵，鱼卵孵化以后，小鱼经过曲折的路线，游到千里之外的大海中去生活。等到它们发育成熟以后，再返回萨那根河产卵。

是什么"路标"指引红点鲑鱼，从海洋准确地返回老家来呢？是不是依靠它们小时候从老家游向大海时留下的"记忆"呢？

美国生物学家从萨那根河中采集了一批红点鲑鱼的卵，用飞机把它们空运到遥远的地方，放在人工孵化池中孵化饲养。等鲑鱼发育成熟以后，再把这些在异乡出生的红点鲑鱼运送到萨那根河和另一条河交叉的港湾。结果，所有的红点鲑鱼都顺着萨那根河，向自己的老家游去，没有一条鱼误入歧途。

这一实验表明，红点鲑鱼并不是凭"记忆"

来寻找洄游路线的。生物学家进一步研究发现，原来在萨那根河中，别的红点鲑鱼从身体表面分泌出一种信息素，使得整条萨那根河的水里都含有这种非常微量的物质。所以，卵膜外面也就沾染了这种气味。尽管鱼卵被运到异乡孵化，但是，红点鲑鱼长大以后，也能凭着这种物质的气味，找到自己的故乡。

信息素是红点鲑鱼向伙伴们发出的化学"语言"。美国生物学家从红点鲑鱼身上提取了少量的信息素，洒在另一条河里，结果竟吸引了一些红点鲑鱼游入"歧途"。你看，鱼类的化学"语言"多么灵啊！

鱼类的声音"语言"、光电"语言"和化学"语言"非常丰富，非常复杂。正由于有这些巧妙的通信方式，鱼类才能占领这么广阔的水域，繁荣昌盛地生活着。四五亿年来，鱼类的身体结构不断地进化，它们的"语言"也逐渐变得复杂完善了。对鱼的"语言"进行深入的研究，就可以更好地揭开鱼类生活的秘密。